SHOBO-BOOKLET

暮らしのなかの食と農――66

貧困緩和の処方箋

開発経済学の再考

鈴木宣弘 著

Suzuki Nobuhiro

筑波書房ブックレット

目次

序 …… 4

1　アジア諸国に対する日本の姿勢をRCEPをめぐる国会審議から考える …… 7

1）日本がASEANなどの「犠牲」の上に利益を得る「日本一人勝ち」構造 …… 7

2）生産性向上効果が政府試算の調整弁 …… 8

3）日本農業への影響は軽微という欺瞞 …… 9

4）「影響がないように対策するから影響はない」〜生産量の減少がちょうど相殺されるように生産性が向上〜 …… 10

5）農業を犠牲にして自動車が利益を得る構造〜自動車の一人勝ちと農業の一人負け …… 11

6）各国の市民・農民の猛反発から考える日本提案の意味 …… 12

7）これ以上「加害者」になってはいけない …… 14

2　途上国農村の貧困緩和の処方箋は正しいか〜「開発経済学」は誰のため？ …… 15

1）2008年の食料危機で多くの指摘は外れた …… 16

2）買い叩きの力が見落とされていた …… 17

3）寡占が蔓延する中、寡占を無視する市場原理主義経済学 …… 18

4）「トリクルダウン」という欺瞞 …… 19

5）妥当な処方箋は …… 20

6）タイの政局混乱の背景にある都市・農村格差から考える …… 22

7）タイのコメ政策の再評価 …… 24

8）寡占を考慮すれば市場に任せることで市場は歪む〜示された「経済学の常識」の非常識 …… 25

9）市場原理主義への反省の気運
～「家族農業の10年」をめぐる動き …… 26
10）IMF・世銀のconditionality ～ FAO骨抜きへの経緯 …… 27
11）貿易自由化の徹底と途上国の食料増産は両立するか？ …… 29
12）農産物の「買手寡占」・生産資材の「売手寡占」の弊害の「見える化」 …… 30
3　共助組織・協同組合の役割 …… 35
1）フェア・トレード～農家への買い叩きと消費者への吊り上げ販売は改善されたか …… 35
2）協同組合が生産者・消費者双方の利益を高める …… 36
3）ここまでのまとめ …… 37
4　アジア、世界との共生に向けて …… 40
1）アジアの互恵的連携強化は可能か …… 40
2）現場を正確に把握し現場を説明できる理論とその数値化を …… 42

（付録）聴講者からのコメント（一部） …… 44

序

本書は「アジアと日本の未来に向けて」と題した講義の概要です。

現在、国際的にも、我が国でも、いまだに、貿易自由化を含む規制緩和の撤廃が、貧困緩和を含めて経済政策の方向性の主流を形成しており、これは、アジア農村の貧困緩和や所得向上のための処方箋としても主張されています。また、WTO（世界貿易機関）やFTA（自由貿易協定）に基づく国際交渉は、すべての国境・国内措置の撤廃を究極の目的としており、法律の分野では、国際経済法は、すべての国境・国内措置の撤廃が正しいという論理で構成されています。こうした主張はシカゴ学派に代表される市場原理主義経済学の「すべての規制の撤廃が経済利益を最大化する」という命題に立脚していると思われます。

人間は自身の目先の銭カネの損得勘定だけで行動するイキモノであり、それが「合理的」行動だという見方が経済学の根底にあります。しかし、当然ながら、利他性も含めて、人間の行動原理はもっと広く、深く、それらを総合的に勘案して、人は合理的に行動するわけです。それにもかかわらず、自身が学んだテキストに呪縛されて、人間行動の合理性の銭カネの部分だけを「合理性」と信じ込んでしまう傾向が生じると、経済学は視野狭窄に陥ります。

利他性などを経済分析で考慮する１つの手法として、「私」（自己の目先の金銭的利益追求をする個人・企業)、「公」(規制や再分配を行う政府）の通常の二部門モデルに、人間の利他的な側面を代表する「共」（自発的な共同管理、相互扶助、共生システム）を加えた三部門モデルによる分析が提唱されています（岡部光明・慶応大学名誉教授)。つまり、協同組合などの「共」のセクターを明示的に経済モデルに導入することです。我々の研究チームは、このような3部門モデルによる経済分析を早くから手掛けてきました（この一連の研究展開については、東大出版会から出版予定の拙著を参照下さい)。

市場原理主義経済学の「すべての規制の撤廃が経済利益を最大化する」という命題を「私・公・共」のフレームで述べると、それは、「公」と「共」をなくし、「私」だけにするのがベストということになります。忘れてならないことは、その命題は、誰も価格への影響力をもたないという「完全競争」の仮定で成立しているということです。しかし、現実の市場には、市場支配力（価格を操作する力）をもつ主体が存在する「不完全競争」が蔓延しており、近年、不完全競争の度合いは一層高まっています。

価格を操作できる企業は、労働や原料農産物を買い叩き、肥料などの生産資材は高く売りつけ、できた食品などを高く販売して利益を増やそうとします。その資金力で、政治・行政・メディア・研究者などを動かして、規制緩和・貧困緩和の名目で、自身の利益を一層増やせる制度変更を進めようとする（レント・シーキング）ため、「オトモダチ」への便宜供与と国家の私物化が起こりやすいと思われます。こうして、「公」と「共」を岩盤規制や既得権益だと攻撃して、「私」が「公」を「私物化」し、「共」を攻撃し、さらなる富の集中、格差が増幅されるのは「必然的メカニズム」ともいえます。これが、「規制改革」「自由貿易」の本質ではないかと思うのです。

経済学がこうした点を無視しているわけではありません。不完全競争によって市場成果が歪められるのは、公共経済学でいう「市場の失敗」の典型であり、政府が全体の利益でなく特定分野の利益に資する政策を行ってしまうのは「政府の失敗」の典型です。しかし、市場原理主義経済学は、「利他性も結局は利己的動機で説明できる」、「不完全競争は一時的な現象で考慮の必要はない」という基本姿勢を変えておりません。そして、先述のとおり、様々な経済政策運営においては、この市場原理主義経済学が「主流派」であり続けているように思います。

現実を説明するのが理論なのに、現実を歪めて無理やり「理論」に押し込めようとするのは本末転倒です。人間行動を利己的動機に矮小化し、現実と乖離した「完全競争」の仮定の下で、単純化された利潤最大化問題の解として導かれる規制緩和、自由貿易万能論は、アジア農村の貧困緩和や所得向上のための正しい処方箋なのでしょうか。そして、アジア最初の先進国として経済成長を遂げてきた日本のアジア諸国に対する接し方はどのように評価しうるでしょうか。

ちょうど、2021年にRCEPというアジアを中心とする大きな経済連携協定が妥結し、その国会での審議に参加して、いろいろ考えさせられましたので、まず、その話から入っていきたいと思います。

1　アジア諸国に対する日本の姿勢をRCEPをめぐる国会審議から考える

2021年4月14日に衆議院外務委員会で東アジア中心の包括経済連携協定（RCEP、日中韓とASEAN10か国に豪州、NZの15か国、インドは途中で離脱）の承認をめぐる議論の参考人質疑が行われました。私は参考人の一人として参加し、RCEPによって誰が利益を得て、誰が損失を被るかについて意見陳述しました。そのときの議論から、日本はアジア諸国の人々の幸せに貢献しようという姿勢を持っているのか、日本企業がアジア諸国から一層儲けることばかり考えていないか、日本がアジア諸国に対してどのような姿勢で臨んでいるか、について改めて考えさせられました。

参考人質疑では、「TPP（環太平洋連携協定）のような自由化度が高い『ハイスタンダード』にしていかないと」といった発言が常套句のように飛び交っていました。多くの人の思考は、規制をなくせばハイレベル（しかも知財権だけは規制強化という矛盾）というステレオタイプな固定観念に陥ってないだろうかと感じました。アジアの国々、人々を苦しめれば、ハイレベル、ハイスタンダートなのだろうか、「一部企業の利益のために市民・農民が苦しむ」という本質を見抜く必要があるのではないか、と感じたのです。

1）日本がASEANなどの「犠牲」の上に利益を得る「日本一人勝ち」構造

RCEPの経済的影響について、政府と同じGTAPモデルを用いて、鈴木研究室において、緊急に暫定試算を行いました。関税撤廃の直接効果でみると、**表1**のとおり、日本のGDP増加率が2.95％と突出して大きく、中韓もGDPが多少増加します（順に、0.15％、1.4％）が、ASEAN諸国とオセアニアはGDPが減少（-0.3％～-0.5％）すると見込まれます。

その点では、日中韓（特に、日本）が、他の参加国の「犠牲」の上に利益を得る構造になっています。関税撤廃の直接効果で見る限り、我々の試算では、一部で指摘されるような「中国一人勝ち」という推定結果にはなっていません。むしろ、日本の「一人勝ち」の位置づけになっています。

表１　RCEPによる各国のGDP増加率の推定値（％）

	GDP 増加率
日本	2.95
中国	0.15
韓国	1.40
豪州	－0.37
NZ	－0.48
ASEAN	－0.31

資料：東大鈴木宣弘研究室による暫定試算値。
注：関税撤廃による直接効果。生産性向上効果などを仮定していない。自動車関連関税は撤廃されると仮定した。

2）生産性向上効果が政府試算の調整弁

次に、TPP11（米国離脱後に発効したTPP）と比較しても、**表２**のとおり、RCEPのGDP増加効果は非常に大きい（TPP11の0.57％に対して2.95）ことがわかります。これは、政府試算においても同様の傾向（1.5に対して2.7）です。しかし、政府試算は関税撤廃の直接効果だけでなく、それに誘発される生産性向上効果を仮定しているので、その分、我々の試算よりもかなり大きくなるのが普通なのですが、RCEPについてはそうなっていません。

表２　RCEPとTPP11との日本のGDP増加率の比較

	研究室	政府
RCEP	2.95	2.7
TPP11	0.57	1.5

注：政府試算には生産性向上効果が仮定されている。
研究室試算との比較から、RCEPにおける生産性向上効果の設定値のほうか小さいとみられる。

このことから、政府試算における

生産性向上効果の仮定がTPP11とRCEPで異なるものと推察されます。TPP11と同じ生産性向上効果を仮定すれば、政府試算のRCEPのGDP増加率は2.7%をはるかに超えるものと推察されます。

まず、このくらいのGDP増加になるように、との要請があり、それに合わせて、生産性向上の度合いの係数を調整するのが、政府試算における生産性向上効果の使い方です。生産性向上が生じると仮定するのは合理的ですが、その程度について合理的な根拠を与えるのは困難であり、通常の政府試算値はそういう形で作られた数字であることを認識する必要があります。

3）日本農業への影響は軽微という欺瞞

次に、農業への影響は軽微との指摘も多くみられます。確かに、日本の農産物の関税撤廃率はTPPと日EUの82%に比し、対中国56%、対韓国49%（韓国の対日本は46%）、対ASEAN・豪州・ニュージーランドは61%と相対的に低く、日本が目指したTPP水準が回避された点で、ある程度、柔軟性・互恵性が確保されたと私も評価していました。しかし、独自試算を行ってみて、そのような評価は甘すぎることが判明しました。

表3のとおり、我々の試算では、RCEPによる農業生産の減少額は、5,600億円強に上り、TPP11の1.26兆円の半分程度とはいえ、相当な損失額です。かつ、RCEPでは、野菜・果樹の損失が860億円と、農業部門内で最も大きく、TPP11の250億円の損失の3.5倍にもなると見込まれています。4月9日の国会審議で田村貴昭議員が指摘されていた点がさらに「見える化」された形です。

農産物の重要品目は除外できたといいますが、野菜・果樹は、一部は例外にしたが、全体の貿易額から見ると部門全体としては、ほぼ全

表３　RCEP と TPP11 による部門別生産額の変化（億円）

	農　業	うち青果物	自 動 車	（政府試算）農業生産量
RCEP	－5,629	－856	29,275	0
TPP11	－12,645	－245	27,628	0

資料：東大鈴木宣弘研究室による暫定試算値。
注：１ドル＝109.51 円で換算。
　政府試算では生産性向上策により農業生産量は変化しないと仮定。

面関税撤廃に近いわけです。かつ、特に、果樹では、生果の関税が17%、ジュースが30%前後と、相当高いものが関税撤廃されると、青果物貿易の中心が東アジア諸国ですから、当然ながら、今まで以上の影響が懸念されるのです。

いみじくも、４月９日の国会審議で大臣からインドが離脱した理由の一つは「地域の小規模家族農家が大打撃を受けることを懸念した」と説明がありました。つまり、日本政府も日本の農家のことをもっと心配しなくてはいけないということですね。

「差別化が進んでいるから影響はもっと小さいはずだ」との見解もありますが、このモデルは、日本産と海外産の差別化の程度を係数化して組み込んでいますので、それは、織り込み済みです。つまり、差別化を考慮しても、これだけの影響が懸念されるということです。

４）「影響がないように対策するから影響はない」～生産量の減少がちょうど相殺されるように生産性が向上～

一方、政府試算では**表３**のように日本の農業生産量は±０となっています。これは、TPP11のときの政府試算の結果表の注にも一応記されていたように、農産物関税が撤廃されても、それによる生産量の減少がちょうど相殺されるように生産性が向上する、つまり、そういう政策が打たれるので、生産量は変化しないというメカニズムになっていることを意味します。

これは「影響がないように対策するから影響はない」と言っていることになりますから、影響試算とは違います。つまり、この結果に基づいて対策を考えると言うのは意味不明だということです。今回は農水省の試算は行われていませんが、農水省の個別品目別の影響試算もGTAPモデルの中の農産物の取り扱いも、TPPの影響の再計算（2013年）以降、そういう形で一貫しているのです。

5）農業を犠牲にして自動車が利益を得る構造～自動車の一人勝ちと農業の一人負け

もう一度、**表３**を見ると、日本は農業分野で大きな被害が出る半面、突出して利益が増えると見込まれるのが、自動車分野です。RCEPでは、TPP11より少し大きく、約３兆円の生産額増加が見込まれています。これは、日本の貿易自由化の基本的目標が「農業を犠牲にして自動車が利益を得る構造」と私も従来から指摘してきたことを「見える化」した形になっています。

私は、日韓、日チリ、日モンゴル、日中韓、日コロンビアFTAなどの産官学共同研究会委員として様々なFTAの実質的な事前交渉にも関与しましたが、物品の貿易では、いつも最後までもめるのは自動車でした。業界代表とともに交渉のテーブルに着く日本側の交渉官は、アジアの途上国の人たちを人とは思わないくらいに罵倒する勢いで相手国に高圧的に開放を迫っていました。とても悲しい光景でした。総じて、相手国から指摘されるのは、日本の産業界はアジアをリードする先進国としての自覚がないということです。自らの利益になる部分は強硬に迫り、産業協力は拒否し、都合の悪い部分は絶対に譲らないという指摘です。

TPP交渉でも最後までもめたのは自動車でした。しばしば「農業のせいでこれまでのFTAが進まなかった」と指摘されるのはほとんど間違っています。にもかかわらず、報道発表になると、「また農業のせいで中断した」と説明されるのです。交渉を止めてしまった経済官庁の張本人が記者会見でそう説明するのですから、唖然としますが、さらに、その同じ人物が、「なぜメディアは農業のせいだと報道するのだろう」と平気で発言しているのは、二重の驚きでした。

アジアではありませんが、もう一つ象徴的だったのが、チリとのFTA交渉での銅板でした。日本の銅板の実効関税は1.8%と低いですが、国内の銅関連産業の付加価値率、利潤率は極めて低いからわずかな価格低下でも産業の存続に甚大な影響があるとして、所管官庁は関税撤廃は困難だとして守り通しました。農水省に野菜の３%の関税は低いから早く撤廃してあげろと言いながら、自らの利益に関わる部分はわずかな関税でも絶対に譲らないのです。

６）各国の市民・農民の猛反発から考える日本提案の意味

物品貿易以外では、投資とサービスの自由化で、日本企業の参入の障壁をなくすよう、過去のFTA交渉でも執拗に迫っていたのが日本です。投資と関連してISDS条項（環境・健康被害を理由に企業の投資を差し止めようとしても企業利益が優先され、損害賠償させられてしまう）も日本が米国とともにTPPでも入れようとしました。日本国内でISDSを懸念する人達を「TPPおばけ」とまで呼び、海外での環境規制をやめさせて企業利益を優先する企業勝訴の判決事例も、解釈を意図的に捏造したものだと言って攻撃しました。

そこまでして日本も礼讃したISDSが、欧州委員会が市民に開示して意見を求めると、猛反発が起き、EUの委員長はISDSは「死んだ」

とまで述べました。日本が追従していた米国までもが、ISDSを北米自由貿易協定から外し、バイデン大統領も「ISDSが含まれる貿易協定には参加しない」と表明しています（内田聖子氏）。

それなのに、日本は、韓国とともに、RCEPでも、ISDSを組み込もうとしました。さらには、薬や種に関連した知財権の強化も日韓が強く求め、各国の市民・農民から猛反発が起こりました。その結果、日韓が求めた知財権強化の水準はRCEPでは組み込まれなかったのです。ただし、種苗の育成者権を強化し、農家の自家増殖の権利を制約する方向に誘導するための「協力」が明記され、今後につなげる装置は組み込まれました（印鑰智哉氏、堤未果氏）。

こんなに各国から抵抗を受けているということは、自分たちが求めていることが、企業利益になっても、人々を苦しめることになりはしないかと、疑問を持つべきではないでしょうか。日本の要求をトーンダウンせざるを得なくなったことの意味を重く受け止める必要があると思います。

特に、薬と種は人の命を守る共有財産的側面があります。ジェネリック医薬品がつくれなくなったら低所得層を中心に多くの人々の命が守れません。命を救うのが薬の役割ではないでしょうか。また、種を握られたら、食料がつくれません。種は何千年も前からみんなで守り育ててきたもので、一部の企業が、その成果に遺伝子操作などを施し、「フリーライド」して独占的に儲けの道具にすることは許されません。自家増殖は守られるべき農家の権利ではないでしょうか。それを剥奪しようとしたため、RCEPでもたいへんな抵抗が起きたわけです。このことが、日本のやろうしていることに問題があることの証左ではないでしょうか。

それなのに、日本では、すでに、農家の自家増殖の制限を種苗法の改定でやってしまったのです。こう考えると、日本における種苗法改定の問題もよりクリアになります。世界の農民・市民が猛反発していることを日本の農家にやってしまったということなのです。

7）これ以上「加害者」になってはいけない

貿易自由化については、FTAがいいか、WTOがいいかという議論がありますが、いずれも最終目標は全ての国境・国内措置の撤廃であり、ただし、知財権だけは規制強化で、そこからも企業利益の追及という真の目的がわかります。FTA or WTOでなく、いずれも問題なのですが、私は、次善の策として、農業で言えば、小規模な分散錯圃の水田農業を中心とするアジアの多様な農業、種の多様性も守られるようなルールをアジア地域でつくり、世界に発信して、WTOなどの短絡的な方向性を改める原動力にできないかと考えていました。RCEPがそういう多様性を守るルール形成の母体になりうるか、と多少の期待をいだいていましたが、残念ながら期待は裏切られた感があります。

今こそ、日本と世界の市民、農民の声に耳を傾け、「今だけ、金だけ、自分だけ」の企業利益追求のために、国内農家・国民を犠牲にしたり、途上国の人々を苦しめるような交渉に終止符を打つ必要があるのではないでしょうか。保護主義vs自由貿易・規制改革でないように思います。市民の命と権利・生活を守るか、一部企業の利益を増やすか、の対立軸になっているのです。「自由貿易・規制改革」を錦の御旗にして、これ以上、市民の命・権利と企業利益とのバランスを崩してはいけないのではないか、これ以上、日本政府・企業がアジアの人々に対する「加害者」になってはいけないのではないか、と思うのです。

2　途上国農村の貧困緩和の処方箋は正しいか ～「開発経済学」は誰のため？

市場原理主義経済学の「「公」も「共」をなくして「私」だけにすればいい」という議論は、開発途上国の貧困緩和問題を解決するための開発経済学でも「主流派」のように思われます。貧困はなぜ起こるかというと、市場原理主義経済学は「余計な政策や余計な共助システムがあるからだ」というのです。だから、「すべてを市場に任せれば市場が適正に機能して、結果的に貧困も緩和される、やるべきことは規制緩和だ」と主張します。

ですが、これは完全競争という現実には存在しない市場構造を前提にした理論ですから、「実際の市場はむしろ寡占状態がどんどんひどくなっていますよ」と言うと、シカゴ学派経済学の方々からは、「いや不完全競争というものは一時的な状態だから放っておけばいい」、あるいは「独占状態でも潜在的な競争にはさらされているから問題ない」といった反論をされます(注)。ところが、シカゴ学派経済学の処方箋に基づいて規制をさらに緩和し、貿易を自由化して、共助システムにも手をつけて解体しても、実際に貧困は緩和されていないのです。そうすると、「現実がうまくいかないのは規制撤廃がまだ生ぬるいか

(注) 鈴木（2002）は、「不均衡は一時的現象と捉え、競争均衡への市場の自動調整機能への絶対的信頼を置くのがシカゴ学派の特質であり、したがって競争政策も含めて政府の関与をなくすことこそが重要と主張する。スティグラーの参入障壁の定義「既存企業は参入にあたって負担しなかったが、後の新規参入企業は負担する費用」に従えば、許認可等の政府規制以外の参入障壁は存在しないことになり、企業は常に競争圧力にさらされているので、市場集中度は問題でないとし、効率性の追求を重視し、独占化を是認する」と解説している。

らだ、もっと規制緩和をやればいい」と主張をするわけです。

こういった主流派の議論はおかしくないでしょうか。規制緩和や自由貿易というものは、逆に市場を歪めて社会全体にとってマイナスなものだと認識することが必要ではないでしょうか。貧困緩和問題にとって本当に必要な処方箋とは、政策によって「私」の暴走を抑制すること、あるいは協同組合や共助組織のようなものをしっかりと育成強化して、その働きによって市場の歪みを是正することではないでしょうか。

1）2008年の食料危機で多くの指摘は外れた

途上国か先進国かを問わず、都市と農村の所得格差、農業所得の低位性、貧困の問題、これらは未解決です。とりわけ途上国の農村では、貧困緩和が依然として大きな課題となっています。しかしなぜ、長年にわたって経済的側面でも多くの取組みが行われているにもかかわらず、なかなか事態が改善しないのか。見落とされていることがあるんじゃないか。それを考えるヒントが、2008年の食料危機での経験にありました。

当時を思い起こしてみますと、かなりの学者がこう発言していました。「食料危機は、農産物価格の高騰によって、途上国の農家所得を向上させる。だから農家のみなさんにとっては基本的にはいいことだ」と。でも現実には、そんな実態は観察されなかった。実際はどんなことが起こったかというと、2008年７月18日の日経新聞の記事「アジアで農家支援相次ぐ」によれば、全く逆だったというのです。食料危機で輸出価格が高騰し、農家の手取りが増えて、農家は潤ったんじゃないかと言われていましたが、実際には反対のことが起こってしまいました。

その１つの要因は、肥料や農薬の価格も上がったことにあります。ただし、肥料や農薬の価格上昇以上に、輸出価格の上昇分が農家に還元されていればよかったのです。しかし実際には、輸出価格が上がっても、農家の価格には十分に反映されませんでした。この点については前掲の日経新聞の記事も認識が不十分で、「輸出価格が上がった」、一方で農家の価格も「同程度で上がっているはず（伸び率は同程度とみられる）」と書いてあります。ここが問題なのです。同程度に農家価格は上がらなかったのです。

２）買い叩きの力が見落とされていた

では、なぜ輸出価格が上がっても、農家の価格に十分に反映されなかったのでしょうか。それは、輸出業者や中間業者が市場支配力をもっていて、農産物を買い叩く力があるため、農家の手取り価格は、輸出業者の価格が上がっても同じようには上げてもらえなかったからです。さらに、生産資材（肥料や農薬など）の価格については業者側が力をもっていて、価格を吊り上げて農家に高く買わせるという行動をとっています。

つまり、農産物の取引では「買手寡占」によって農家が買い叩かれ、生産資材の取引では「売手寡占」によって肥料や農薬の価格が普通より高く吊り上げて買わされている。そういう状況で、輸出価格が上昇しても、十分な利益が農家には届かなかったのです。このような実態を、私たちはアジアの農村の所得向上・貧困解決のためにもっと認識しなければなりません。

ところが、途上国の発展を議論する開発経済学の分野では、市場支配力によって農家を収奪する独占・寡占の問題、あるいは、それに対抗するために農家側が出荷組織や協同組合などを作って拮抗力（カウンターベイリング・パワー）をもつ必要性についての議論は、実はほとんど行われていないのです。

3）寡占が蔓延する中、寡占を無視する市場原理主義経済学

それもそのはず、開発経済学の主流である、ミルトン・フリードマン教授を出発点とするシカゴ学派、ないし市場原理主義的な開発経済学には、そもそも独占・寡占といった不完全競争を一時的なもの、あるいは競争を妨げるものではないので考慮しなくてもいいものだとして、とにかくすべての規制をなくしていくことがすべてを解決する、というスタンスが基本的にあります。なので、農産物市場あるいは生産資材市場に独占・寡占が存在することを前提にして対策を考えるということが、そもそもあまり俎上にのぼってこないわけです。

これはある意味、一部の人々にとっては非常に都合がいい論理です。独占や寡占の存在を無視して規制を撤廃していけば、市場支配力をもつ人たちがさらに農産物を買い叩き、生産資材価格を吊り上げて売れる状況を作り上げます。結果的に、力の強い一部の人たちがさらに利益を得られる論理になっているのです。本来、開発経済学とは途上国農村の貧困緩和をめざす学問のはずですが、このような形で規制緩和を徹底すれば、貧困緩和に向かうどころか、逆に貧困が増幅されることになります。それでも独占・寡占の存在を取るに足らない問題とし、規制緩和の徹底を言い続けるような経済学的手法が、現場にとって有効性をもつのか、ということを根本的に問い直さなければならない。

規制緩和が正当化されるのは、市場のプレーヤー（参加者）が市場支配力をもたない、つまり誰も価格への影響力をもたない場合です。逆に、一方の側のマーケット・パワー（市場支配力）が強い市場では、規制緩和は片方の側の利益を不当に高める形で市場を歪めて、社会全

体の経済厚生（Economic welfare）、つまり経済的な利益を悪化させてしまう。だから、市場支配力が存在する場合には、規制緩和を推進する政策は理論的にも正当化されないのです。理論的に正当化されないけれども、主流派の開発経済学は、市場支配力が存在するという前提条件を歪めたり無視することによって、間違った処方箋を主張しているのです。

さらに言うと、「市場に介入することが資源の最適配分を歪めているのだから、とにかく市場に任せれば、資源は最も効率的に勝手に調整されるので、何もしない方がいい、規制緩和を徹底しましょう」という処方箋は、いわば、「大多数の貧困が結果として助長され、農村部の貧困を解決できなくても、全体としての富が最大化されれば、それが効率的である」という考えです。つまり「所得分配の公平性」という概念が抜け落ちているわけです。そうなると、そもそも貧困緩和政策そのものを考えなくていい、という議論をしていることにもなってしまうわけです。

4）「トリクルダウン」という欺瞞

ただ、それに対しては主流派開発経済学の立場からも反論があって、いやいや「トリクルダウン」(おこぼれ効果）というものがあるんだと、すなわち、巨額の富をもつ者がさらに富めば、その一部がしたたり落ちて、貧しい者もおこぼれにあずかれるから、みんなが幸せになるんだというのです。ずいぶん都合のいい主張ですけども、そんなことが世界で起こっているでしょうか。起こるわけがありません。

市場支配力をもつ少数の者に、規制撤廃やルールの変更で利益が集中し始めると、その人たちはその資金力を利用して、政治や行政やマスコミ、研究者をうまく操って、さらに自分たちの利益集中に都合のいいような制度変更を推進していく。いわゆる「レント・シーキング」という状況が起こって、さらなる富の集中が生じてしまう。まさにこれこそが、ノーベル経済学賞を受賞したスティグリッツ教授が象徴的に言った「１％」による自由貿易・規制緩和、という主張の核心部分です。さらなる富の集中のために、「99％」の民から収奪しようとしている張本人である「１％」(富裕層）がトリクルダウンを主張するというのは、ある意味自己矛盾ではないでしょうか。要するに、トリクルダウンするような方向性を考えているんじゃなくて、さらに周りから自分たちのところに富を吸い上げようと考えているのでしょう。

もう１つここで紹介しておきたいのは、ヘレナさんの言葉です。言語学者であり、グローバリゼーション問題に対する活動家でもある彼女は、つぎのようなことを言っています。「多国籍企業は全ての障害物を取り除いてビジネスを巨大化させていくために、それぞれの国の政府に向かって、ああしろ、こうしろと命令する。選挙の投票によって私達が物事を決めているかのように見えるけれども、実際にはその選ばれた代表たちが大きなお金と利権によって動かされ、コントロールされている。しかも多国籍企業という大帝国は新聞やテレビなどのメディアと科学や学問といった知の大元を握って私達を洗脳している。」(ヘレナ・辻、2009)

まさに先ほど述べたレント・シーキングの世界です。そして学問の分野も取り込まれて、多国籍企業に都合がいいような主流派の開発経済学が広まって、貧困緩和の大義名分で途上国の農村から富を吸い上げ、貧困を悪化させています。

5）妥当な処方箋は

実際に世界の農産物市場の現実はどうなっているのか。たとえば、若干古い2005年のデータになりますが、ActionAidの報告書によれば、「世界の穀物貿易の90％は５つの企業で占められ、世界のバナナの半分は２つの企業が販売し、世界のお茶の貿易の85％は３つの企業で行われている」といった事実があります。これが現場の実態です。また、この報告書は、きわめて大きな市場支配力をもつグローバル企業がどういうことをやっているかを指摘しています。すなわち、市場支配力を行使して農民の生産物価格を押し下げ、肥料や農薬の価格は引き上げ、貧しいコミュニティから富を吸い上げているという、先ほど私が問題にした、まさにそのことが書かれています。

さらに、市場支配力によって押し下げた農家側の価格と、消費者に販売する小売価格とのギャップを拡大して、その分を消費者に還元せずに、自らの利益にしています。要するに、農家から買い叩いて消費者には高く売って、その差額をマージンとして不当に利益を得ているのです。こういうことが世界的に起こっていると報告書は指摘しているのです。世界の国々、アジアの国々、特に途上国の農村において、これが現実問題として広範に存在するのです。この現実に目をそむけて、独占・寡占は取るに足らないので放っておけばいいとして無視して処方箋を描く、これが極めて大きな問題だということを、我々は考えなければなりません。

ですから、市場支配力が存在する現実の市場において、本当に妥当な農家の所得向上・貧困緩和への処方箋とは、①市場支配力を排除することによって市場をもっと競争的なものにするか、②大きな買手や売手に対する拮抗力（カウンターベイリング・パワー）としての協同組合や相互扶助組織を育成するか、③双方の取引交渉力の不均衡による損失を政府が政策によって補填するセーフティ・ネットを形成するか、ということではないでしょうか。

市場原理主義的な新古典派開発経済学の限界を指摘した書物はいろいろありますが、これまで述べたような、独占・寡占を無視した議論になっていることへの指摘は、きわめて少ないのです。このことが今、一番問われなければならない問題じゃないかと思います。

6）タイの政局混乱の背景にある都市･農村格差から考える

現実にアジアで起こっていることに照らして、さらに考えてみましょう。まず、タイの都市と農村の格差の問題をとりあげます。タイでは軍事政権が実質的に続いている中、いわゆるタクシン派と呼ばれる選挙を重視するグループと軍事政権との対立が継続しています。その根底には、都市と農村部との所得格差の問題があります。タクシン派は農村部を中心としており、軍事政権側は都市部を支持勢力としておりますが、タイの農村部（特に東北部）と都市部との１人当たり所得格差は非常に大きいわけです。

図１　タイの地域別所得額・支出額

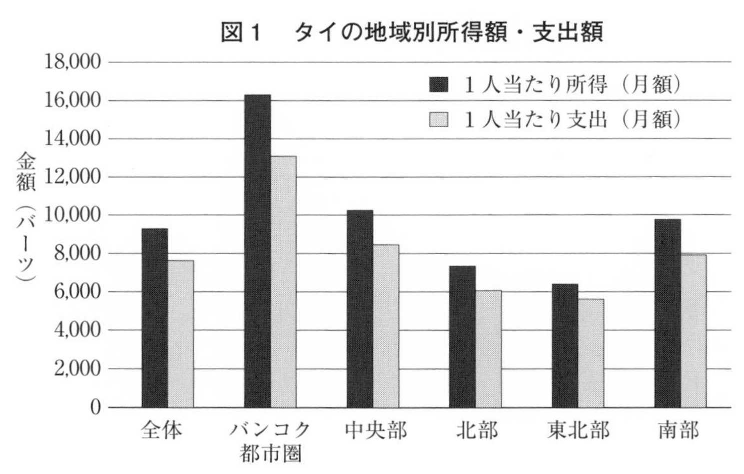

データ：National Statistical Office Thailand, *The 2019 Household Socio-Economic Survey*.

こういう中で、農村部からの支持が多いタクシン派が行ってきた政策が、Rice Pledging Scheme、またはPaddy Pledging Program（以下「PPP」）という、コメを担保にした融資制度です。これは、いわばタイの政府が質屋になって、希望する農家にコメを担保にして融資する制度ですが、その融資単価が市場価格よりもかなり高く設定されていますので、農家にとっては市場に売るよりも、コメを担保にして政府からお金を借りて、そのまま返さずに質流れにしてしまう方が得になります。つまり、事実上、政府によるかなり高い価格でのコメ買取りの仕組みになっているわけです。このような政策がバラ撒き政策だということで、タクシン派を批判する人たちも非常に多いのです。

この政策に対しては、アメリカが主導権をもっているIMF（国際通貨基金）とか世界銀行も、市場を歪める政策だと厳しく批判してきました。だが実は、アメリカのコメ政策も、このタイの政策とほとんど同じです。それもそのはず、これはタイがアメリカを真似て導入した政策なんです。アメリカは、自らの保護政策は維持しつつ、他の国々、特に途上国の保護政策を批判してやめさせようとするのです（これは日本に対しても同じです）。

そういうタイの政策への批判も、結局、主流派の開発経済学（シカゴ学派）が主張する処方箋にもとづく批判です。そして、農村部への所得移転を否定する議論は、繰り返しになりますが、「大多数の貧困が結果として助長され、農村部の貧困を解決できなくても、全体としての富が最大化されれば、それが効率的である」という考えで、「所得分配の公平性」という概念が抜け落ちています。つまり、そもそも貧困緩和政策そのものを考えなくていい、という議論をしているのかということも問われるわけです。

7）タイのコメ政策の再評価

そこで、我々は、こうした政策への批判が本当に正しいのかどうかを実証することにしました。タイのPPPが廃止されたらどうなるかという分析を、我々はタイから来ていたKumse君という博士課程の学生さんを中心に行いました（この分析は世界的なジャーナルAgricultural Economicsに掲載されました）。簡潔に言うと、つぎのような分析をしたわけです。

図２「PPPによる経済厚生の変化」を見てください。需要のスケジュールというのは、価格が下がれば増えますので右下がりの需要曲線、供給のスケジュールは、価格が上がればもっと売りたいから右上がりの供給曲線となり、この２つの曲線の交点で需給均衡価格が決まるというのが市場の完全競争（誰も市場支配力をもたない）と言われる状態です。だが今、この政策があることによって需給均衡点から乖離して、生産者の価格は$P_R=360$、消費者の価格は$P_S=406$となって

図２　PPP による経済厚生の変化

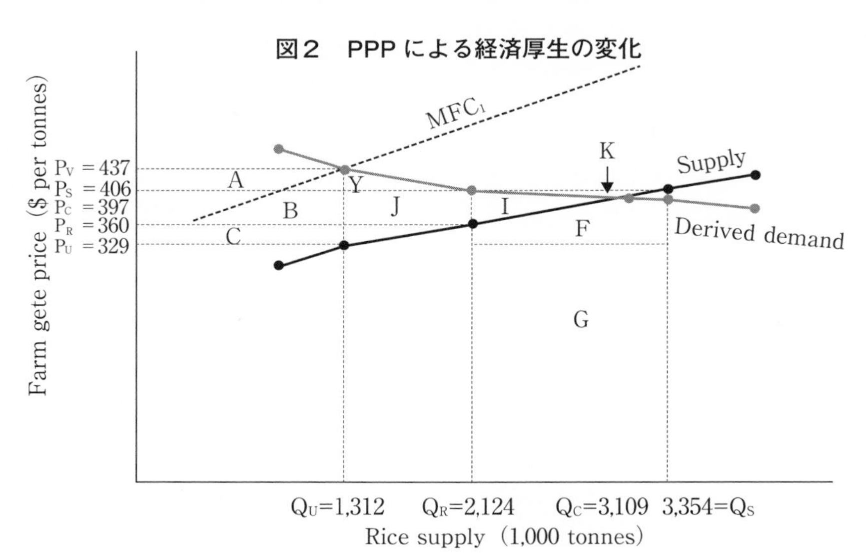

います。もしこの政策がなくなると何が起こるかというと、市場支配力をもつ買手によって、もっと自由に買い叩けるようになる。そうすると、生産者の価格はP_U=329にまで低下して、取引量も減り、消費者販売価格はP_V=437に上がります。

8）寡占を考慮すれば市場に任せることで市場は歪む～示された「経済学の常識」の非常識

つまり、もし政策がなくて、独占・寡占を放置すれば、生産者がさらに買い叩かれ、消費者が高い価格を払わなければならなかったはずですが、この状況を、政策が存在することによって緩和している。つまり、生産者の価格は上がり、消費者の価格は下がる、という状況を政策の力で作り出していることが、この分析でわかりました。だから、実はこの政策はタイ東北部の農家の所得向上だけでなく、コメの消費者の利益にもつながっているんだということも検証できたわけです。ですので、この政策は生産者と消費者の双方の損失を緩和することにより、経済厚生を全体としても高めている可能性がある（政策にかかるコストが高いか低いかによってその結果は変わってくる）ということです。

この分析結果から、一般に信じられているつぎのような常識が、実は間違いだったということを指摘できます。

①政府の政策は市場を歪めるので、規制緩和をすれば市場の歪曲性は改善する（処方箋は規制緩和の徹底である）という常識。
→ 寡占市場では必ずしも正しくない。

②農村政策は生産者の利益を高めるが、消費者は損失を被るという常識。

→ 農村政策が生産者価格を上げて消費者価格はむしろ低下させている場合もあるのだから、消費者が損失を被るというのは必ずしも正しくない。

③社会全体としての経済厚生は、政府の政策がない場合に必ず最大化されるという常識。

→ 寡占市場では必ずしも正しくない。政策がなくなって、さらに生産者が買い叩かれ、消費者は高いものを買わざるを得ない状況に比べれば、政策があることによってむしろ全体の利益が改善される状況は、政策にかかるコストが低ければ実現する。

以上のように、我々は実在しない完全競争という前提をむりやり現場に適用して、いろんな結論を導いたり、あるいは必要な政策を議論しがちですが、そういったカッコつきの常識というものは、現場で起こっている現実を前提にして検証すれば、間違いであることがわかってくるわけです。

9）市場原理主義への反省の気運 ～「家族農業の10年」をめぐる動き

近年、国連によって、「国際協同組合年」（2012年）、「国際家族農業年」(2014年)、「協同組合のユネスコ無形文化遺産登録」(2016年)、「家族農業の10年」(2017年)、「小農と農村で働く人びとの権利に関する国連宣言（小農の権利宣言)」（2018年）などの取組みが具体化されてきました。

これらは、市場原理主義にもとづく規制緩和や自由貿易の徹底では、巨大な流通企業や企業的農業が小農・家族農業を収奪する構造が強まって、世界の格差や貧困が悪化するという疑念や反省から、小農や家族農業の重要性を再認識して生活を改善するようにもっとがんばりましょう、という動きと捉えることができます。

しかしこれは、そういう動きが世界的に進展しているということだと思ったら間違いで、なんとか今の状況を打開して、農村で働く人々の生活をもっと良くする方向に結びつけるにはどうすればいいかという、本来必要な動きがようやく出てきている、ということだと思うわけです。

10）IMF・世銀のconditionality ～ FAO骨抜きへの経緯

これについては、FAO（国連食糧農業機関）と、アメリカが主導する世界銀行やIMF（国連通貨基金）との間で、途上国支援をめぐる戦いの歴史があるということを認識しておかなければならないと思います。そもそもFAOというのは、途上国の農村の生活を豊かにするための組織としてできたわけですけれども、アメリカが余剰農産物のはけ口を作るため、またアメリカ発の多国籍企業などが途上国の農地を集めて大規模なプランテーション的な農業をやったり、流通・輸出企業が展開して利益を得るためには、1国1票で途上国の発言力が強いFAOというのは都合が悪い。

そこで、アメリカ主導で動くIMFや世銀に、FAOから開発援助の主導権をどんどん移行させて、例によって「政策介入による歪みさえ取り除けば市場は効率的になる」という名目で、途上国農村への援助や投資との引き換え条件（conditionality）に、徹底した関税撤廃や規制撤廃（補助金撤廃、最低賃金の撤廃、教育無償化の廃止、食料増産政策の廃止、農業技術普及組織の解体、農民組織の解体など）を押し付けて、主要穀物などの生産を縮小して輸入に頼らせ、商品作物の大規模なプランテーションなどを思うがままに推進しやすくしていったのです。それでFAOは、援助の主体から外される形で、いろんな会議をやったり調査をするような機関へとある意味弱体化されていったというわけです。

しかし、IMFや世銀が主導したコンディショナリティによる開発援助が、その大義名分としている貧困緩和にいかに逆行してきたか、いかに方向性を間違ってきたか。このことは、最も徹底した規制撤廃政策にさらされたサハラ以南のアフリカ諸国に、今でも飢餓・貧困人口が圧倒的に集中していることからもわかります。そもそも貧困緩和が目的ではなくて、大企業への利益を最大化するのが目的だったわけですから、そういう意味では当然の帰結だったわけです。

ですから、中国などが中心になって、IMFや世銀とは別に、AIIB（アジアインフラ投資銀行）を立ち上げました。こういう動きは、アメリカや穀物メジャー主導による、「貧困緩和の名目で一部の人の利益を増やす」開発援助政策から脱却して、途上国の農村に真に役立つ投資をしていこうという動きとして捉えれば、一定の妥当性をもつように思われるわけです。

IMFの救済策が、問題をいかに悪い方向に逆行させてしまったか。それは、いわゆるアジア通貨危機（1997～98年）の際、IMFに従わず独自の政策をとったマレーシアの成功からもわかります。マレーシアのマハティール首相（当時）は、IMFの政策を拒否してグローバル派と戦って、短期で危機を脱出することに成功しました。それに対して、タイやインドネシアや韓国は、IMFに従ったために大打撃を受けることになりました。極端な民営化や構造改革、外資への門戸開放により、実質的に国内経済を多国籍資本にのっとられ、いまだにそこから抜け出せないようなことも他の国では起こっているのです。マハティールさんというのは、（彼は2018年になんと92歳でマレーシア首相に復活し、2020年２月に退任しましたが）独自路線で国民を守る大胆な政策をとることができた方だということだと思います。

2017年末の「家族農業の10年」など、小農・家族農業を守ろうとするFAOの決死の巻き返しが成功しつつあったかに見えましたが、2020年10月、FAOはCropLife（バイエル=モンサントなどの４大GM企業や住友化学によって構成された農薬ロビー団体）と提携強化の覚書を結んでしまい、９月の「国連食料システム・サミット」もビルゲイツ氏らが主導することになり、FAOの巻き返しは頓挫どころか、バイオ企業やIT企業が主導するデジタル農業を振興するという真逆の方向に持っていかれつつあるのです。

11）貿易自由化の徹底と途上国の食料増産は両立するか？

さて、2008年の食料危機のとき、国際機関は、「食料危機や輸出規制に対応するには、各国が食料増産しなければならない、途上国も自給率を向上しましょう、穀物輸入に頼っちゃいけませんよ」という主張と同時に、「貿易の自由化をもっと進めなければいけません」と主張しましたが、この２つの主張は両立するのでしょうか。

そもそも、輸出規制が起こりやすくなったのはなぜでしょうか。アメリカは、自国の農業保護（輸出補助金）は温存しつつ、「安く売ってあげるから非効率な農業はやめたほうがよい」といって世界の農産物貿易自由化を進めて、安価な輸出で他国の農業を縮小させてきました。それによって、基礎食料の生産国が減り、アメリカなどの少数国に依存する市場構造になったため、需給にショックが生じると価格が上がりやすく、それを見て高値期待から投機マネーが入りやすく、不安心理から輸出規制が起きやすくなり、価格高騰が増幅されやすくなってきたこと、高くて買えないどころか、お金を出しても買えなくなってしまったことが2008年の危機を大きくしました。

つまり、米国の食料貿易自由化戦略の結果として食料危機は発生し、増幅されたのです。したがって、「2008年のような国際的な食料価格高騰が起きるのは、農産物の貿易量が小さいからであり、貿易自由化を徹底して、貿易量を増やすことが食料価格の安定化と食料安全保障につながる」という見解には無理があります。原因が過度の貿易自由化なのに、解決策は貿易自由化の徹底だと言うのは論理矛盾です。

貿易自由化の徹底というのは、コストの高い農業生産を縮小して食料輸入を増やすという国際分業を推進することですから、日本や途上国の穀物生産を縮小させるわけです。その一方で、途上国に農業生産増大のために支援を拡大しましょうと言っても、貿易自由化で安い輸入品が流入すれば、国産は振興できません。だから、「貿易自由化の徹底が各国の食料増産につながって食料安全保障が強化される」なんていう理屈がどうやって出てくるのかということです。これがしかし、まことしやかに言われている。貿易自由化がすべてを解決するという論理には現実との乖離がある、この問題も覚えておかなければなりません。

12）農産物の「買手寡占」・生産資材の「売手寡占」の弊害の「見える化」

すでに見たとおり、途上国農村の貧困を緩和するためには何が問題なのかというと、それは、現場で起こっている農産物の買い叩きと生産資材価格吊り上げの問題に正面から取り組まなきゃいけないということです。この点は、今までの経済学的アプローチの中で、分析も十分じゃなかったし、実際にそのために何をやるかという議論もあまり出てきいない部分です。それは当然で、そういうことがあるという現実自体から目を背けているわけですから、その解決策というものが出てくるわけがない。しかし、本当は農産物買い叩きと生産資材価格の吊り上げが現実にあるということです。

だから、独占・寡占を取るに足らぬ問題だという人たちには、その存在を実証して示すことが必要なわけです。我々はそういった問題意識での研究をかなり早くからやってきました。以下、そのいくつかの例を紹介します。

まず、タイには「CPグループ」という非常に大きな資本をもっている企業がありますけれども、そういう企業の市場支配力を、係数θ（$0 \leqq \theta \leqq 1$、１に近ければ農家が買い叩かれている、０に近ければ買い叩きがないことを示す指標）として推計し、θから計算される「価格伝達性」を推計しました。価格伝達性とは、たとえば輸出価格が上昇したときに農家にどれだけ還元されるか、つまり輸出価格が１％上がったときに、そのうちどれだけが農家に還元されるかを示す指標です。その推計の結果、1991年の場合は、１バーツ価格が上がったときに農家価格は0.467バーツしか上がらないという状況で、市場

表４　タイの鶏肉・コメ市場における市場支配力係数・価格伝達性の推定値

年次	鶏肉		コメ	
	市場支配力係数	価格伝達性	市場支配力係数	価格伝達性
1991	0.800	0.467	0.048	0.893
1992	0.876	0.444	0.078	0.836
1993	0.756	0.481	0.134	0.749
1994	0.794	0.469	0.144	0.735
1995	0.440	0.614	0.094	0.810
1996	0.395	0.639	0.050	0.889
1997	0.507	0.580	0.177	0.693
1998	0.379	0.649	0.121	0.768
1999	0.380	0.648	0.103	0.796
2000	0.400	0.637	0.179	0.691
2001	0.456	0.605	0.129	0.756
2002	—	—	0.161	0.712

出所：今橋（2006）。

支配力係数は１に非常に近かった。ただ、少し古い年次ですが時系列で見てみると、市場支配力はだんだん低下し、価格伝達性は上がってきていて、2001年には輸出価格が１バーツ上がったときに0.6ぐらいは農家に還元される状況になっています。

タイのコメはどうでしょうか。タイのコメは、1991年には市場支配力が非常に小さくて完全競争に近く、価格が１バーツ上がればほぼ１バーツ還元されるような状況でしたが、年々市場支配力が増してきて、買い叩きが強まっているように読めます。よって、価格の伝達具合は低くなってきています。このような計算をいろいろな国でやっています。

カンボジアのコメは、1996年には買い叩きの度合いはほぼ０ですが、2002年にはほぼ１と、徹底的に買い叩かれる状況になってきています。価格伝達性で見れば、1996年には１リエル上がれば１リエル還元されていたが、2002年は0.4しか還元されない状況になっています。

ベトナムのコメ市場はどうか。やっぱり買い叩かれていて、2002年には0.4です。しかも2008年にはほぼ１にまで高まっています。食料

表５　カンボジアのコメ市場における買手独占度・価格伝達性の推定値

年次	買手独占度	価格伝達性
1996	−0.053	1.073
1997	0.296	0.725
1998	0.101	0.886
1999	0.233	0.771
2000	0.827	0.486
2001	0.837	0.483
2002	1.168	0.401

出所：Chamrong and Suzuki（2005）。

表６　ベトナムのメコンデルタ地帯のコメ市場の買手寡占度の推移

年	買手寡占度
2002	0.39
2003	0.39
2004	0.48
2005	0.60
2006	0.62
2007	0.65
2008	1.08
2009	0.63

出所：安田（2011）

危機といわれるような状況で需給が逼迫した時に、なんと買い叩きの度合いは高まっているということが推計されました。

一方で、ベトナムの肥料はどうでしょうか。売手寡占度が1に近いほど、生産資材価格吊り上げの度合いが強いということですが、ベトナムの肥料は0.3ぐらいですので、それなりに吊り上げて売られている状況があるわけです。ですので、肥料・農薬の吊り上げ販売の状況は、2008年に特に悪くなったわけではないが、買い叩きの度合いは2008年にさらに悪化しましたので、食料危機の時に農家の損失は非常に大きくなったことがわかるわけです。

それから、アフリカのケニアのお茶市場の分析では、お茶の買い叩きの度合いは0.16ぐらいでそれなりに買い叩かれていて、肥料の吊り上げ販売の状況は0.47と、かなり吊り上げられています。ここで、も

表7　ベトナムの肥料市場における売手寡占度の推定値

	2000年	2006年	2008年
肥料需要の価格弾力性	1.13	1.13	1.13
国際価格（ドル/トン）	10	223	493
農家価格（ドル/トン）	143	304	662
限界費用（ドル/トン）	3.2	7.5	10
売手寡占度	0.31	0.28	0.27

出所：安田（2011）。

表8　ケニアの茶市場における国内競争促進政策と貿易政策の効果
—農民1人当たり年収推計値の比較（ドル）

			肥料市場の売手寡占度					
貿易政策の有無	茶葉市場の買手寡占度		0.47（現状）	0.37	0.27	0.17	0.07	0（完全競争）
自由貿易政策なし	0.16	（現状）	**193.21**	196.85	200.62	204.55	208.63	211.59
	0	（完全競争）	193.40	197.05	200.83	204.77	208.86	**211.82**
完全自由貿易政策	0.16	（現状）	**205.54**	209.39	213.38	217.53	221.84	224.96
	0	（完全競争）	205.75	209.60	213.60	217.76	222.08	225.20

出所：近藤（2014）。

し市場を競争的にする政策が導入され、この数値が０になる状態にもっていったとしたら、農家の収入はどれだけ増えるでしょうか。年間１人当たり210ドルぐらい増えます。貿易を完全に自由化した場合の農家の利益の増大と比べると、農家が買い叩かれたり肥料を吊り上げて売られたりしている状況を改善する方が、農家の所得向上には効果があるということを、実際の数値で示したのがこの分析です。

以上の分析から、途上国の農村においては明らかに不完全競争が存在し、農産物は買い叩かれて、生産資材は高く売りつけられています。この問題は取るに足らない問題ではないのです。だから、放置すればよいとして政策が組み立てられている今の主流派の開発経済学にもとづく処方箋は間違っていることが明確に示されました。また、その不完全競争（農産物買い叩きや肥料・農薬の吊り上げ販売）の度合いも数値化されています。これらの数値にもとづいて、市場を競争的にするにはどうすればいいか、協同組合を育成して拮抗力・対抗力を作るにはどのぐらいのことをしなきゃいけないか、あるいは政策でこの状況を補填するにはどのくらいのことをしなきゃいけないか、といったことを議論するベースができるわけです。だからこういう研究は非常に重要性があるのです。

次に、共助組織や協同組合が事態を改善できるのかどうかについても、我々の開発したモデルで検証してみた結果を紹介します。

3　共助組織・協同組合の役割

1）フェア・トレード～農家への買い叩きと消費者への吊り上げ販売は改善されたか

コーヒーの国際取引でのネスレなどのグローバル食品企業の行動で問題にされるのは農家から農産物を買い叩いて（生産資材は高く売りつけ)、消費者に食料品を高く売って「不当な」マージンを得ていることです。これを改善するため、グローバル企業に代わって共助組織が貿易を行うのがフェア・トレードと言えます。その効果が出ているかを我々は検証してみました。

グローバル企業などが農家を買い叩く度合いと、消費者に製品を高く売ってマージンを大きくすることによって利益を得ている度合いとを、両面から数値化し、長年にわたる推移を検討し、その結果、買い叩きの程度は0.13から最近年では0.02とゼロに近づいていて、かなり改善していることがわかりました（**表９**)。つまり、フェア・トレードなどの活動は、農家に対する買い叩きの程度を緩和するのには相当貢献している可能性があるということです。それに対して、消費者の

表９　国際コーヒー市場における買手寡占度と売手寡占度の推定結果の推移

年次	買手寡占度	売手寡占度
1990	0.13	0.13
1995	0.12	0.12
2000	0.06	0.13
2005	0.06	0.12
2010	0.04	0.11
2011	0.01	0.10
2012	0.02	0.11
2013	0.02	0.12

出所：麻生（2020)。

方に高く売りつける、つまり消費者が高く買わされている程度というのは、やはり同じ0.13ぐらいから、今もほぼ同じ0.12で、ほとんど変わっておらず、あまり改善していない可能性が示されました。

2）協同組合が生産者・消費者双方の利益を高める

さらに、我々は、国際的大豆貿易において、売買の主体が寡占的流通業者である現状から、農協型組織（組合員に平等に成果を分配する利他的な行動をとると仮定）が売買の主体に取って代わった場合の影響を評価できるモデルも開発し、実際のデータで推定してみました。その結果、協同組合が取引の主体になれば、消費者の利益も生産者の利益も双方が高まることを実証できました（**表10**）。

農協型の共助組織が流通の主体になることによって、生産者の利益は高まるが、消費者は高く買わされ、消費者利益は減少するのではないかと通常は考えがちですが、これは誤解であることが実証できたわけです。寡占的流通業者による買い叩きと消費者への高値販売によるマージンが縮小するので、より高い価格を生産者に、より低い価格を消費者に提供できるのです。これこそが本来の協同組合の役割です。

つまり、「共」の役割を強化することによって、グローバル流通企業に偏る利益を生産者と消費者に再分配し、格差・貧困と飢餓の軽減

表10　国際大豆市場における消費者利益と生産者利益（億ドル）

	消費者利益		生産者利益	
	寡占的流通業者	農協	寡占的流通業者	農協
米国	112	318	44	471
ブラジル	423	598	60	422
アルゼンチン	159	281	41	186
中国	489	720	14	52
日本	10	19	0.4	1.5

出所：遅夢迪（2020）。

が図られることが期待されるのです。

3）ここまでのまとめ

以上のように、我々は、農産物の買い叩き、生産資材の吊り上げ販売と、できた食品の吊り上げ販売の実態を可視化して、現状を完全競争と仮定して規制緩和を処方箋と位置付ける理論展開の非現実性を様々な形で明らかにしてきました。我々の長年の実証研究の蓄積からは、完全競争市場の仮定が妥当性を持つ結果は一つとして得られていません。タイのコメと鶏肉についても、カンボジアのコメについても、買い叩きの実態が明らかになりました。ベトナムのコメ、ケニアの茶については、生産物の買い叩きと生産資材（肥料）の吊り上げ販売の実態が可視化されました。しかも、2008年の食料危機には、買手寡占度が通常よりも高まり、輸出価格の上昇が農家収入の増加に還元されない事態が強まっていました。

このように、不完全競争の度合いを、買い叩きや吊り上げ販売の度合いという形で、市場支配力の係数を使って分析することが可能です。肥料・農薬の価格を吊り上げて農家に販売する、あるいは農産物は農家から買い叩いて消費者に高く吊り上げて販売する、といったことの度合いを実証的に把握することによって、それらが実際に現場には存在するんだということをしっかりと示し、それにもとづいた対策を考える。そのようにしなければ、農村の貧困緩和と所得向上というのは、なかなか前に進まないのではないか。それがこれまでの政策で不十分な点ではないかということがわかります。

そして、我々は、「公」（政策）や「共」（共助の仕組み）の役割を組み込んだ計量モデルを開発し、規制緩和という「私」の強化ではなく、「公」や「共」が適切に機能することによって、グローバル流通企業に偏る利益を生産者と消費者に再分配し、格差・貧困と飢餓の軽減が図られることも実証してきました。

理論は実証によって検証されるわけです。「規制緩和を徹底すれば貧困は緩和する」という「理論」は、そもそも現実はそうなっていないのですから、「理論」そのもの、ないしは、その「理論」が成立する前提条件の妥当性を疑わざるを得ない。この場合は完全競争という架空の状態が前提にされていることが、政策の有効性を失わせたり、逆行するようなものにしてしまっているのです。

一部の経済学者の中には、自分が学んだ「理論」が現場の実態に合わないと、無理やり実態をねじまげたり、無視して「理論」に押し込もうとする傾向も見られます。それは現場の問題を解決するためには全く無効どころか、害悪になってしまいます。そういう思考回路にはまらないようにしないといけません。出発点は、現場で何が起こっているかということであり、それをどう説明するかが、まさに本当の意味での理論だと思います。

途上国の独占や寡占を取るに足らない事象とし、あるいは、独占であっても潜在的競争にさらされているとして巨大企業の市場支配力を放置し、相互扶助のルールや組織の必要性を否定する「主流派」の経済学は、一部の人々には都合がよい「理論」です。途上国農村における貧困緩和の処方箋についても、生産者に対する農産物の買い叩きと生産資材価格の吊り上げの問題をないがしろにし、規制緩和の徹底を繰り返す「(開発) 経済学」は、本当に途上国農村の貧困緩和をめざしているのかが問われます。誰のための支援なのか、政策なのか、そこに隠された意図を見逃さないようにしないといけない。経済学が極めて「政治的」な学問であることを認識せざるを得ない面があります。

規制緩和が正当化できるのは、市場のプレイヤーが市場支配力を持たない場合であることを忘れてはなりません。一方のマーケットパワーが強い市場では、規制緩和は、一方の利益を一層不当に高める形で市場をさらに歪め、経済厚生を悪化させる可能性があり、理論的にも正当化されません。我々の実証研究からも、買手のマーケットパワーに対するカウンターベイリング・パワーとなる政策や組織が機能すれば、生産者（売手）の価格が向上できるのみならず、買手のレントの縮小は消費者価格の低下につながることが示されています。つまり、逆に言えば、そうした政策や組織を規制緩和として撤廃することは、生産者のみならず、消費者も含めた社会全体の経済厚生の悪化につながってしまうのです。

つまり、農産物の買手と生産資材の売手の市場支配力が強い市場での規制緩和は、競争条件の対等化でなく、一層不当な競争に農家をさらし、貧困緩和に逆行することは確かであり、競争市場を前提とした規制緩和万能論は間違いだということです。その場合の妥当な処方箋は、

①市場支配力の排除によって市場の競争性を高めるか、
②大きな買手・売手に対するカウンターベイリング・パワー（拮抗力）の形成を可能とする相互扶助組織・協同組合を育成するか、
③取引交渉力の不均衡による損失を補填する政府によるセーフティ・ネットの形成、です。

すなわち、米国などがIMF（国際通貨基金）や世界銀行の融資条件（conditionality）として、貧困緩和を名目にして、米国や特定の多国籍業の利益のために、関税撤廃や国内政策の廃止に加えて農民組織の解体まで強いてきた処方箋から、真に途上国の国民のための貧困緩和の処方箋を抜本的に見直すことが不可欠です。

4　アジア、世界との共生に向けて

1）アジアの互恵的連携強化は可能か

今回のコロナ・ショックで、ある意味人種的な偏見もクローズアップされ、欧米とかでアジアの人が不当な扱いを受けるようなケースもありました、残念なことです。だけど逆に、アジアの人々の間に助け合い感謝し合う連帯の感情も強まった側面もあります。こういう言葉が物資を送るときに書かれて話題になりました。「山川、域ヲ異ニスレドモ、風月、天ヲ同ジウス」。山や川は違っていても空には同じ風が吹いて同じ月を見てみんな繋がっていますよねと。この機会をぜひアジアの人々がもっとお互いに尊重しあえるような関係強化の機会にしたいなと思います。

日本はややもすると米国従属的な形でアジアとの関係をうまくできていない面があります。私が多く参加したFTA（自由貿易協定）の前交渉でも、アメリカに対しては「ドラえもん」のスネオになる日本が、アジアの国々に対してはジャイアンみたいになって徹底的に自分の利益を追求し、収奪の対象にアジアの国々をしようとするような、産業界ですよ、自動車とか鉄鋼とかですね。それを代弁する官庁が本当にひどい物言いで相手に迫るのを見てきました。

たとえばマレーシアと日本の自由貿易協定の交渉でも、マレーシアは国産車の振興に一生懸命力を入れていると、それなのにそんなことはやめて、日本の自動車を買えばいいと、さっさと関税撤廃しなさいとか、そんな感じですよね。こんなことをやっていては日本は尊敬されません。「日本にはアジアの先頭を走ってきた先進国としての自覚がない。」それが日本の産業界に対するアジアの国々の一つの見方なんですよね。ここを脱却しなければ、反省しなければ、日本はアジアで先に経済発展を遂げたリードすべき先進国として本当に情けないと言わざるを得ません。

今こそアジアの国々が一緒になって、TPP型の徹底的な収奪的な協定じゃなくて、お互いに助け合って共に発展できるような互恵的で柔軟な、その国の実情に合わせた経済連携ルールを、やっぱりみんなで話し合っていかなきゃいけないよねと。農業の面で言えば、アジアの国々には小規模で分散した水田農業が中心であるという共通性があるわけですよね、そういう共通性の下で、多様な農業がちゃんと生き残って発展できるようなルールというものを、私たちが、特にこれからの日本やアジアの、あるいは世界の将来を担う若い皆さんが具体的に提案していくと。

何かを批判的に検証するときには、それに対する対案を具体的に出すと、しかも数値化して示すということが非常に重要だと思います。そういう意味で、私たちはそういう風なアジアの国々が共に発展できるような柔軟で互恵的な経済連携協定の枠組みというものを、それを可能にするための「アジア共通農業政策」の青写真（ブループリント）を計算して提示してきました。

EUが何とかまとまれたのも共通農業政策です。農業においてしっかりと再分配してみんなが妥協できるような政策をいかに作るかと、そういう政策を議論できるモデルを私たちが作って計算し、このぐらいの拠出金と分配方法でやればみんなが納得できるんじゃないですかというものを計算したのです（鈴木、2006)。そうことの積み重ね、そういうものをベースにした議論というものの具体化が今重要になっています。

そしてアジアの発展ということを考えた場合に、もう１点付け加えておきたいのが、それぞれの国での自給率を向上するという議論がありましたけども、その食料安全保障は、もっと広いアジア全体でも考えることができますよねということです。食料危機が起きたときに有効な手段は、普段からアジアの国々の中で、たとえばコメとかを備蓄しておいて、いざというときに放出するという仕組みを作っておくと。

これは日本が主導して一応進みかけてはいるんですけども、そういうものがあると、輸出規制が起こったときに各国が協力してその備蓄機構から放出することによって価格を早期に安定化することができるという効果は、いろんなシミュレーションからも確かめることができます。ですからこういう点でも個別の国々での食料安全保障だけでなくて、アジアの国々が協力してアジア全体での助け合いの上の食料安全保障というものを仕組みとして考えていくこともできると。

2）現場を正確に把握し現場を説明できる理論とその数値化を

ぜひ皆さんもそういう意味で、現状を変えていくためには、それに対する対案をしっかりと出せるように、現場の実態を真に実感して把握して、そこからできる限り数字に基づいて検証する、対案を出す、ということをぜひ心がけていただきたいと思います。

核心をついた数字の証拠というのはRCEPの国会審議でも発揮されたように、非常に雄弁なわけですから、そういう意味でいかに数値化するということ、その前提は、いかに現場の実態を本当に実感するということです。それにもとづいて数値化するということを我々はやらなきゃいけない。

ただもう１つ若い人たちに申しあげたいのは、確かにどんな組織もそうですがリーダーというものは自分を犠牲にしてでもみんなを守るという覚悟がなければいけないと思いますが、今日本にそういうリーダーがいるかというと、残念ながら、周りを犠牲にして自分とお友達を守ろうとしているかのようにも見えます。

おかしいと思うかもしれません。おかしいです。ですけどもそのときに、皆さんが先頭に立って本当のことを言い過ぎるとどうなりますか。残念ながらつぶされてしまいます。だから若いときには我慢も必要です。若いときは力を蓄えてください。しっかり力を蓄えて、つぶされないように生き延びて、しかるべき立場になったら、そこで人々を救ってください。今盾になって反論するのは、私のような老人に任せておけばいいんですよ。みなさんは耐えるべきときは耐えて飛躍を続ける。このことも非常に重要なことですから、あえて申し上げておきたいと思います。

私たちはアジアの国々あるいは世界の国々がいかに協力し合いながら、それぞれの食料を守り、農林水産業を守り、生活を守り発展させるかということについて、まだまだこれからやるべきことがたくさんあります。具体的にこういうことを考えなきゃいけないなということも、今日の話からも少し見えてきた面もあるかと思います。

特に現実が、誰も価格に影響力をもたないような完全競争であるかのような前提において、世界に蔓延している不完全競争、市場支配力によって買い叩かれたり吊り上げられたりして農家が苦しんでいるという状況を取るに足らないものだとして無視して政策の方向性を議論するということはやはり何も解決にならないということです。実態を踏まえてそれを検証して数値化して、そこから真に必要な解決策をみんなで議論して作っていく、それが若い皆さんに期待されているところだと思いますので、ぜひ現場の問題をしっかりと把握して、その問題を解決するにはどうしたらいいか、それをできるだけ数値化して考えていくと、そのための一助として今日の講義を参考にしてさらに前進してもらいたいと思います。

（付録）聴講者からのコメント（一部）

①都市と農村という社会構造が進む世界では、都市部が重要視されがちで、小農を守る政策を提唱したとしても多数派（都市部）から文句が出てしまうと思う。それは仕方のない面があると考えていたが、今回の講義を聞いて、農村を保護する経済政策は生産者（農村部）と消費者（都市部）双方に利益があるという見方ができるということを知った。このような数値・情報はもっと市民に伝えられるべきだと考えたが、そのような情報を伝える側には、私益が絡んでいる場合も多く、我々が与えられた情報を鵜呑みにしないことが必要だと感じた。私は開発経済学に興味があるが、現在の市場経済では、市場の独占・寡占が進んでおり、そのようなシステムの中では開発経済学であっても本来の趣旨とは離れて一部の人の利益に有利になっている可能性があるということも心に留めておきたいと思う。そして、本当に途上国の農業に貢献するには、現場の観察を入念に行い、問題を明らかにして、現実に則した解決策の提示をできるように精進したい。

②弱い立場に追いやられている市民や農民を救済し貧困を削減するためには、私・公・共の公と共を強化する必要があるという話が心に響きました。私の部分のみに焦点を当ててきた経済学や社会のあり方に一石を投じるために、インドシナ半島やサブサハラアフリカで行ったケーススタディが興味深く感じました。そして相互扶助体制の構築やセーフティ・ネットの確立を通して生産者と消費者にも利益が公平に配分される重要性を実感しました。

③人間は利益を最大化しようとすることを前提に経済学は存在するが、それには限界があるということが具体的にRCEP等の説明を通して

わかりやすく解説されていた。農家等の市場において弱い立場にある人たちを保護するためにも協同組合等の「共」は必要であり、それによって不当にマージンを得る人たちを除いた社会全般に良い影響をもたらす可能性があることがわかった。常識だと思っていたことが実は違うのかもしれないという視点を持つことは大切だ。

④規制緩和・自由貿易は合理的だと思っていたが、それを合理的とする理論の前提条件が現実に沿っていないために、結果社会全体にとってマイナスになっていることを認識しました。そして寡占の存在を無視することの問題が多くの場で問われていないのは、政策決めに関わるような権力を持つ方々（大抵利益を得る側の人）にとっては、今の仕組みが合理的で問題提起するモチベーションがないのではと想像します。さらにその結果、問題提起するモチベが高いであろう被害を被る側の人にとって、気づく機会が減少するのだから、うまくコントロールされてるもんだなと思いました。今回の講義で、今の仕組みに対する批判的な視点を学べて良かったです。

⑤私は青年海外協力隊としてアフリカにいたが「途上国支援」の在り方に疑問を抱いていた。立派な建物や道路を建設する”支援”を行うある国が、支援を大義名分に途上国を傀儡化しており、現地の人々も支援の恩恵を受けながらも反感の気持ちを持っていた。今回のお話を通じて、自分が感じた違和感の正体とそれを証明する方法とを知ることが出来た。また、心のどこかで「アジア全体、世界全体」を考えて行動しようとする人は周囲から鼻で笑われてしまうのではないかと下を向いている自分がいたが、先生のような方もいるということが分かり、とても嬉しく感じた。今は現場で活かせる技術について勉強しているが、RCEPなど国家間における取組についても自分の意見が述べられるように勉強したい。

引用・参考文献

Actionaid International（2005）Power hungry: six reasons to regulate global food corporations（https://www.actionaid.org.uk/sites/default/files/doc_lib/13_1_power_hungry.pdf）.

麻生沙紀『コーヒー貿易における買手寡占と売手寡占―農家の買い叩きと消費者への吊上げ販売は改善されたか―』東京大学農学部（卒業論文）、2020年。

今橋朋樹『タイ鶏肉市場における輸出業者の需要独占度―市場支配力係数の計測―』九州大学農学部（学位論文）、2006年。

鵜戸口昭彦「戦後の世界食料・農業レジームとFAOに対する米国の関与」（政策研究大学院大学・博士論文）、2015年。

奥田翔『カンボジア王国における公開籾市場整備の事後評価』東京大学大学院農学生命科学研究科（修士論文）、2013年。

岡部光明「社会を理解するための三部門モデル：政策論からの理論的補強と農業政策への応用」、明治学院大学『国際学研究』第54号、2019年、pp.117～134。

小田切徳美『農村政策の変貌：その軌跡と新たな構想』農山漁村文化協会、2021年。

近藤万祐子『不完全競争下における発展に関する一考察―ケニアの茶産業を事例として』東京大学大学院農学生命科学研究科（修士論文）、2014年。

Kaiser, H.M. and N. Suzuki（ed.）, New Empirical Industrial Organization and Food System, Peter Lang, 2006.

亀田達也『モラルの起源――実験社会科学からの問い』岩波新書、2017年。

Kumse, K., N. Suzuki, and T. Sato, Does oligopsony power matter in price support policy design? Empirical evidence from the Thai Jasmine rice market, Agricultural Economics, 51（3）, 2020, pp.373-385.

鈴木宣弘「東アジア共通農業政策構築の可能性―自給率・関税率・財政負担・環境負荷―」『農林業問題研究』第161号、2006年３月、pp.37-44。

鈴木宣弘『寡占的フードシステムへの計量的接近』農林統計協会、2002年。

遅夢迪『中米貿易摩擦が大豆需給と価格に及ぼす影響―不完全競争空間均衡モデルを用いた社会厚生比較―』東京大学大学院農学生命科学研究科（修士論文）、2020年。

Chamrong, H. C. and N. Suzuki, “Characteristics of the Rice Marketing System in Cambodia,” Journal of the Faculty of Agriculture Kyushu University, 50（2）, 2005, pp.693-714.

原洋之介『アジア経済論の構図』リブロポート、1992年。
ヘレナ・ノーバーグ=ホッジ、辻信一『いよいよローカルの時代～ヘレナさんの「幸せの経済学」』大槻書店、2009年
松原隆一郎『経済政策―不確実性に取り組む』放送大学大学院教材、2017年。
松高大喜『国際備蓄制度および不完全競争がコメ価格変動に与える効果に関するシミュレーション分析』東京大学農学部（卒業論文）、2016年。
生源寺眞一『完・農業と農政の視野』農林統計出版、2017年。
安田尭彦『ベトナムのコメ市場の不完全競争性についての産業組織論的分析』東京大学大学院農学生命科学研究科（修士論文）、2011年。

著者略歴

鈴木 宣弘（すずき　のぶひろ）

〔略歴〕
1958年三重県生まれ。1982年東京大学農学部卒業。農林水産省、九州大学教授を経て、2006年より東京大学教授。98～2010年（夏季）コーネル大学客員教授。2006～2014年学術会議連携会員。専門は農業経済学、環境経済学、国際貿易論。日韓、日チリ、日モンゴル、日中韓、日コロンビアFTA産官学共同研究会委員、食料・農業・農村政策審議会委員（会長代理、企画部会長、畜産部会長、農業共済部会長）、財務省関税・外国為替等審議会委員、経済産業省産業構造審議会委員、JC総研所長、国際学会誌Agribusiness 編集委員長を歴任。NPO法人「農の未来ネット」理事長。『食の戦争』（文藝春秋、2013年）、『TPPで暮らしはどうなる？』（共著、岩波書店、2013年）、『悪夢の食卓』（角川書店、2016年）、『牛乳が食卓から消える？ 酪農危機をチャンスに変える』（筑波書房、2016年）、『亡国の漁業権開放～協同組合と資源・地域・国境の崩壊』（筑波書房、2017年）等、『だれもが豊かに暮らせる社会を編み直す:「鍵」は無理しない農業にある』（共著、筑波書房、2020年）、『農業経済学　第５版』（共著、岩波書店、2020年）、『農業消滅～農政の失敗がまねく国家存亡の危機』（平凡社新書、2021年）等、著書多数。

表紙：写真=suxco［Pixabay］ デザイン=古村奈々 +Zapping Studio

筑波書房ブックレット　暮らしのなかの食と農　㊻

貧困緩和の処方箋
開発経済学の再考

2021年9月30日　第１版第１刷発行

著　者　鈴木 宣弘
発行者　鶴見 治彦
発行所　筑波書房
東京都新宿区神楽坂２－19 銀鈴会館
〒162－0825
電話03（3267）8599
郵便振替00150－3－39715
http://www.tsukuba-shobo.co.jp

定価は表紙に示してあります

印刷／製本　平河工業社

ISBN978-4-8119-00610-2 C0033